BEI GRIN MACHT SICH IHR WISSEN BEZAHLT

Bibliografische Information der Deutschen Nationalbibliothek:

Die Deutsche Bibliothek verzeichnet diese Publikation in der Deutschen National-
bibliografie; detaillierte bibliografische Daten sind im Internet über http://dnb.d-
nb.de/ abrufbar.

Impressum:

Copyright © 2008 GRIN Verlag, Open Publishing GmbH
Druck und Bindung: Books on Demand GmbH, Norderstedt Germany
ISBN: 9783640510535

Dieses Buch bei GRIN:

http://www.grin.com/de/e-book/140061/ueberblick-ueber-die-euroregion-elbe-labe-
und-deren-organisationsstruktur

Brigitte Poppinga

Überblick über die Euroregion Elbe/Labe und deren Organisationsstruktur

GRIN Verlag

GRIN - Your knowledge has value

Der GRIN Verlag publiziert seit 1998 wissenschaftliche Arbeiten von Studenten, Hochschullehrern und anderen Akademikern als eBook und gedrucktes Buch. Die Verlagswebsite www.grin.com ist die ideale Plattform zur Veröffentlichung von Hausarbeiten, Abschlussarbeiten, wissenschaftlichen Aufsätzen, Dissertationen und Fachbüchern.

Besuchen Sie uns im Internet:

http://www.grin.com/

http://www.facebook.com/grincom

http://www.twitter.com/grin_com

Hochschule Vechta
Institut für Strukturforschung und Planung
in agrarischen Intensivgebieten (ISPA)

Sommersemester 2008
Seminar GE- 15.1.:
Fachdidaktisches Hauptseminar

Referatsausarbeitung
Euroregionen

Brigitte P.

4. Semester

Studiengang: BA SKN

Studienfach: Geographie

Abgabe: 24.07.2008

Inhaltsverzeichnis

1. Einleitung

Das Ziel dieser Ausarbeitung, mit vorangegangenem Referat, ist es, in die Thematik der Euro-regionen einzuführen.

Im ersten Teil geht es darum, ein grundlegendes Begriffsverständnis über Euroregionen zu vermitteln. Hierbei dient der Überblick über die Euroregionen in Europa und Deutschland als Unterstützung. Danach werde ich allgemeine Ziele und Aufgaben von Euroregionen erläutern.

Im zweiten Teil stelle ich eine Euroregion meiner Wahl vor, wobei ich die Euroregion Elbe/Labe im Osten Deutschlands gewählt habe. Hierbei gebe ich zunächst einen kleinen Überblick über die geographische Lage und Größe der Region, um diese anschließend natur-räumlich einzuordnen. Nachdem ich die Bevölkerung und ihre Verteilung dargestellt habe, werde ich speziell auf die Ziele dieser Region eingehen. Hierbei erörtere ich auch ihre Organi-sationstruktur.

Hinterher werde ich einige Aufgaben und Projekte der Euroregion Elbe/Labe nennen und im Anschluss eines dieser Projekte näher beleuchten. Bevor ich ein persönliches Fazit ziehe, wer-de ich noch einige Probleme, mit der die Euroregion konfrontiert wird, diskutieren.

2. Euroregionen

2.1. Zum Begriff Euroregionen

Euroregionen sind europäische Grenzregionen, die in ganz Europa sowohl an den Binnen- als auch an den Außengrenzen der EU vorzufinden sind. Neben Gemeinden, Regionen und Landkreisen arbeiten in ihnen auch andere kommunale und regionale Akteure zusammen. Einige Regionen sind nicht nur binational verbunden, sondern tun sich mit drei oder mehr Ländern zusammen. Die meisten Euroregionen sind Mitglied der Arbeitsgemeinschaft Europäischer Grenzregionen, abgekürzt AGEG. Euroregionen sind für die einen Innovationsgebiete und für die anderen Problemregionen. Fast jeder 10. Europäer lebt in einer Grenzregion.[1]

2.2. Euroregionen in Europa

Die Übersichtskarte der Regionen grenzüberschreitender Zusammenarbeit von 2007 im Anhang zeigt sowohl die Mitglieder der AGEG als auch die Nichtmitglieder, Teilmitglieder und solche, die noch in Planung sind. Diese Euroregionen werden nochmal in Regionen mit klein- und großräumiger grenzübergreifender Zusammenarbeit unterschieden.

Jeder Kreis stellt hierbei eine Euroregion dar. Anhand der Fülle kann man sehen, wie wichtig eine

grenzübergreifende Zusammenarbeit ist. Dieses soll aber nur als kleiner Überblick dienen. Ich beschränke mich im Rahmen dieser Ausarbeitung, wie auch in meinem Referat, auf die Euroregionen an den Grenzen Deutschlands.

2.3. Euroregionen in Deutschland

Deutschland besitzt insgesamt 26 Euroregionen an seinen Grenzen. Allein im Osten gibt es acht grenzüberschreitende Zusammenschlüsse, wobei ich eine von diesen später näher beschreibe.

„Die älteste Euroregion ist die 'Euregio' an der deutsch-niederländischen Grenze, die bereits 1958 gegründet wurde."[2] Diese war auch der Namensgeber für den Begriff „Euroregion".

Die Euroregionen im Osten entstanden nach 1991, nachdem sich die Grenze zwischen dem östlichen und westlichen Europa öffnete und somit neue Austauschbeziehungen möglich wur-

---

1 Vgl. Flath u. Kulke (Hrsg.) (2007): Mensch und Raum, S. 256
2 Ebd., S. 256

den.[3]

Die meisten Namen von Euroregionen richten sich nach den Kennzeichen ihrer Region. Fließt zum Beispiel ein Fluss durch die Region oder befindet sich dort ein Gebirge, werden diese häufig die Namensgeber für das jeweilige Grenzgebiet. Die Namen der Euroregionen sind auch nicht immer bilateral, wie die Euroregion „Ems-Dollart", sondern können ebenso trilateral, wie die Euroregion „Spree-Neiße-Bober", sein.

2.4. Ziele

Die Entwicklung der wirtschaftlichen Zusammenarbeit ist das Hauptziel von Euroregionen. Darüber hinaus ist die grenzüberschreitende Zusammenarbeit auch in gesellschaftlicher und kultureller Hinsicht zu berücksichtigen und zu fördern. Der Ausbau der Infrastruktur, Umweltschutz, Tourismus und gemeinsame Kulturarbeit stehen als Themen im Zentrum der Euroregionen.[4]

Auf sozialer und gesellschaftlicher Ebene ist die Zusammenarbeit der Gebiete bedeutsam, da die ehemalige Abgrenzung noch in den Köpfen der Menschen bestehen bleibt, obwohl die Grenzen schon längst geöffnet sind.[5] Deshalb ist es wichtig, die Bevölkerung beiderseits einer Grenze näher zu bringen.

2.5. Aufgaben

Seit dem Ende des 2. Weltkrieges gibt es in Europa nicht, wie vermutet, weniger sondern mehr Grenzen, einzig die Grenze zwischen BRD und DDR ist entfallen. Daher ist die grenzübergreifende Zusammenarbeit die zentrale Aufgabe in Europa.[6] Diese Zusammenarbeit geschieht hauptsächlich in den Bereichen der Kommunalentwicklung und Verkehrsinfrastruktur, in der Lösung von Umweltschutzproblemen und in der Vernetzung von Technologiezentren, Forschungs- und Entwicklungseinrichtungen. Dieses dient dazu, um besonders die strukturschwachen Gebiete zu stärken.[7]

---

3 Vgl. Eckart, K. u. Kowalke, H. (Hrsg.) (1997): Die Euroregionen im Osten Deutschlands, S. 13
4 Vgl. http://www.wrotapodlasia.pl/de/region/euroregionen [15.07.08]
5 Vgl. http://www.euroregion-snb.de/de/index.php
6 Vgl. Saalbach, J. (2001): Die PAMINA-Kooperation, S. 109
7 Vgl. Vgl. Eckart, K. u. Kowalke, H. (Hrsg.) (1997): Die Euroregionen im Osten Deutschlands, S. 10

3. Euroregion Elbe/Labe

3.1 Geographische Lage und Größe

Die Euroregion Elbe/Labe erhielt ihren Namen durch die Elbe, welche durch das Grenzgebiet fließt. Auf tschechischer Seite heißt sie Labe. Die Euroregion ist eine von acht Euroregionen im Osten Deutschlands und neben den Euroregionen Neisse-Nisa-Nysa, Erzgebirge/Krusnohori und Euregio Egrensis eine von vier Euroregionen in Sachsen an den Grenzen zu Polen und zur Tschechischen Republik. Sie grenzt im Südosten an die Bundesrepublik Deutschland, im Norden an die Tschechische Republik, im Westen an die Euroregion Erzgebirge und im Osten an die Euroregion Neiße. Intern umfasst die Region das Elbtal, das Nordböhmische Becken, Kammlagen des Osterzgebirges, das Böhmische Mittelgebirge und die Sächsisch-Böhmische Schweiz.[8] „Die Euroregion ist über die transeuropäischen Achsen Berlin-Dresden-Prag-Budapest/Wien und Frankfurt/Main-Leipzig-Dresden-Breslau-OberschlesienKrakau-Lwiw (Lemberg) gut in das europäische Raumsystem integriert. Bedeutend ist weiterhin die mitteleuropäische Verbindungsachse Nürnberg-Karlovy Vary (Karlsbad)-Usti n-L. (Aussig)-Livertec/Tanvald (Reichenberg/Tannwald)-Breslau."[9]

Die Gesamtfläche der Euroregion beträgt 4.796 km². Hierbei umfasst der deutsche Anteil 1.982 km und der tschechische Anteil 2.814 km.[10]

3.2 Naturräumliche Gliederung

Die Euroregion Elbe/Labe umfasst im Süden Teile des Böhmischen Hügellandes. Im Norden schließt sich die Mittelgebirgsschwelle mit der Sächsisch-Böhmischen Schweiz, dem Oberlausitzer Bergland, dem Osterzgebirge und dem Böhmischen Mittelgebirge, an. Letztere beide schließen das Moster Becken mit ein. Die naturräumliche Struktur der Region ist deshalb vielgestaltig. Hier gibt es jungvulkanisch geprägte Landschaften, wie das Böhmische Mittelgebirge, Rumpfgebirgsreliefs in kristallinen Gesteinen, wie das Erzgebirge, Erosionsreliefs mit bizarren Formen im Sandstein, wie das Elbsandsteingebirge und flache Aufschüttungsreliefs in jungen Lockersedimenten, wie das Nordböhmische Becken. Außerdem schließt sich im Norden das sächsische Lößgebiet an.

---

8 Vgl. http://www.euroregion-elbe-labe.de/Euroregion_Elbe_Labe.htm
9 Kowalke, H. / Jerabek, M. u. Schmidt, O. (2004): Grenzen öffnen sich, S.23
10 Vgl. http://www.euroregion-elbe-labe.de/Euroregion_Elbe_Labe.htm

3.3 Bevölkerung

In der Euroregion findet man sowohl Räume mit hoher Konzentration von Siedlung, Infrastruktur und wirtschaftlicher Aktivität, wie das Elbtal und das nordböhmische Becken, als auch dünn besiedelte Gebiete mit unter 50 EW/km², wie die Kammlagen des Osterzgebirges, das Böhmische Mittelgebirge und die innere Sächsisch-Böhmische Schweiz. Den Dichteschwerpunkt bildet die Dresdner Elbtalweitung.

Die Gesamtbevölkerung der Euroregion Elbe/Labe beträgt 1.240.000 (deutscher Anteil: 748.000 Einwohner, tschechischer Anteil: 492.000). Bei einer Fläche von 4.796 Quadratkilometern ergibt sich eine Bevölkerungsdichte von 260 EW/km².[11] „Homogenität in der Verteilung und eine durchschnittliche Bevölkerungsdichte mit 100-200 EW/km² kann man lediglich in den vorwiegend landwirtschaftlich geprägten Gebieten erkennen (große Teile der Landkreise Meißen, Litomerice (Leitmeritz))."[12]

Strukturdaten	deutscher Teil	tschechischer Teil
Fläche (km)	1.982	2.814
Einwohnerzahl	748.000	492.000
Bevölkerungsdichte	377 EW/km²	175 EW/km²
Die größten Städte der EEL		
Dresden	483.632 EW	
Ústí nad Labem		95.105 EW
Decín		52.058 EW
Teplice		51.223 EW
Pirna	40.593 EW	
Freital	39.302 EW	
Litoměřice		24.489 EW
bedeutendster Fluß	Elbe	Elbe (Labe)
Flughafen	Dresden-Klotzsche	

3.4 Ziele und Organisationsstruktur

Die Region wurde am 24. Juni 1992 gegründet. Diesem Gründungsakt vorausgegangen waren

---

11 Vgl. http://www.euroregion-elbe-labe.de/Euroregion_Elbe_Labe.htm
12 Kowalke, H. / Jerabek, M. u. Schmidt, O. (2004): Grenzen öffnen sich, S. 25

die Konstituierungen von zwei Kommunalgemeinschaften, dem Gemeindeverband Euroregion Labe, auf tschechischer Seite und der Kommunalgemeinschaft Euroregion Oberes Elbtal / Osterzgebirge e.V., auf deutscher Seite.[13] Die Euroregion beinhaltet das grundlegende Ziel, die Region in allen Lebensbereichen zu fördern und die beiderseits der Grenzen lebende Bevölkerung einander näher zu bringen. Weitere Ziele sind die Unterstützung der Entwicklung bei der Zusammenarbeit in Fragen der Regionalplanung, der Erhaltung und Verbesserung der natürlichen Lebensgrundlagen in der Region und dem Ausbau und der Anpassung der Grenzübergreifenden Infrastruktur. Außerdem wollen sie die Wirtschaftskraft heben und den Lebensstandard der Bevölkerung angleichen. Die Zusammenarbeit im Brand- und Katastrophenschutz, Rettungswesen, sowie im Tourismus und Sport, ist auch ein wichtiges Ziel der Euroregion. Des Weiteren soll der öffentliche Personennahverkehr ausgebaut werden und die Begegnungsmöglichkeiten der Menschen beiderseits der Grenzen verbessert werden. Diese Menschen sollen ein Bewusstsein für die Euroregion entwickeln und lernen, gemeinsam regionale Probleme zu lösen. Die Gestaltung des Kulturaustausches und die Pflege des gemeinsamen kulturellen Erbes, sowie die Zusammenarbeit im humanitären und sozialen Bereich und im Bildungswesen, sind die abschließenden Ziele der Region.[14]

Die Euroregion Elbe/Labe ist, wie gesagt, eine freiwillige Arbeitsgemeinschaft der Kommunalgemeinschaft Euroregion Oberes Elbtal/Osterzgebirge e.V. und der Kommunalgemeinschaft Euroregion Labe. Sie besteht aus einem Rat, dem Präsidium, Sekretariat und sieben Fachgruppen. Der Rat besteht aus 30 gewählten deutschen und tschechischen Vertretern (jeweils 15 auf deutscher und tschechischer Seite) und bildet das höchste Beratungs- und Koordinierungsorgan. Das Präsidium repräsentiert die Euroregion. Hierzu gehören jeweils vier deutsche und tschechische Vertreter, inklusive Vizepräsidenten

und Geschäftsführer. Das Sekretariat ist für die sachgemäße Erledigung übertragender Aufgaben zuständig und ist für die Koordination der Arbeit der Fachgruppe verantwortlich. Es besteht aus zwei Geschäftsführern, welche durch die Kommunalverbände ernannt werden. Auf tschechischer Seite befindet sich der Sitz des Sekretariats, sowie die Geschäftsstelle in Ústí nad Labem. Auf deutscher Seite liegt der Sitz des Sekretariats in Pirna. Die Fachgruppen lösen Probleme im Rahmen folgender Tätigkeitsfelder: Tourismus und Wirtschaftsförderung Umweltschutz, Kultur, Sport, Bildung und Soziales, Raumentwicklung, Verkehr und

---

13 Vgl. http://www.max-content.de/Pflegesystem/uploads/media/Entstehung_und_Entwicklung_der_EUROREGION_ELBE_LABE.pdf
14 Kowalke, H. / Jerabek, M. u. Schmidt, O. (2004): Grenzen öffnen sich, S. 21-22

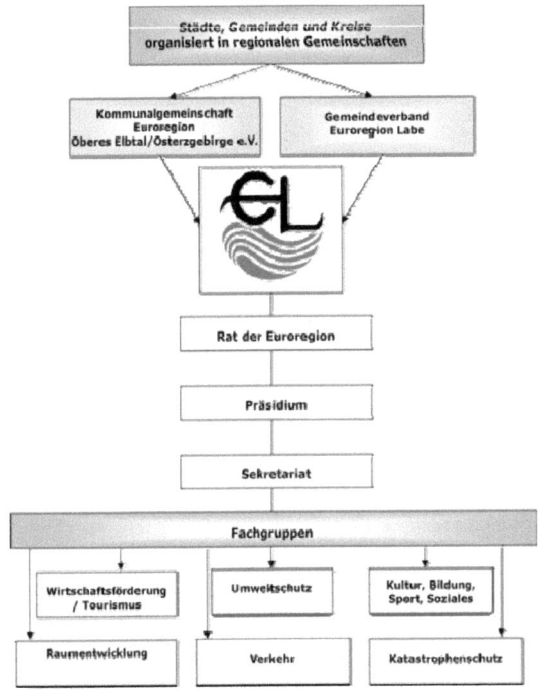

Katastrophenschutz. Sowohl Vertreter der Verbände als auch Fachleute sind Mitglieder dieser Gruppen. Sie arbeiten Vorschläge und Handlungsempfehlungen aus, die zur Lösung von fachlichen Problemen dienen. Die daraus folgenden Ergebnisse werden den Organen der Euroregion und den beiden Kommunalverbänden zur Abstimmung bzw. Entscheidung vorgelegt.

3.5 Aufgaben und Projekte

Im Juni 1992 bei der Gründungskonferenz hat sich die Euroregion Elbe/Labe folgende Aufgaben vorgenommen: Die Unterstützung der Zusammenarbeit und Entwicklung auf den Gebieten der Regionalplanung, Natur und Umwelt, Wirtschaftsförderung und des Tourismus, welches die Förderung grenzüberschreitender Kontakte sichern soll. Außerdem ist der Ausbau der Infrastruktur, mit Auf- und Ausbau von Versorgungs- und Kommunikationsmedien eine wichtige Aufgabe der Euroregion. Darüber hinaus soll die Zusammenarbeit im Katastrophenschutz und Rettungswesen im unmittelbaren Grenzbereich gewährleistet und der Verkehr aufgewertet werden. Im Bereich Kultur, Bildung und Sport soll über grenzüberschreitende Kultur-, Bildungs- und Sportveranstaltungen informiert werden.

Aber auch die Unterstützung gemeindlicher und anderer Einzelvorhaben, die den Entwicklungszielen der Region entsprechen und die Tätigkeiten und Tendenzen unterstützen, die die Entwicklung der Grenzgebiete an der gemeinsamen EU - Binnengrenze befördern, sind grundlegende Aufgaben.[15]

Im Folgenden werde ich einen kleinen Überblick über die Projekte der Euroregion Elbe/Labe geben. Danach werde ich ein von mir ausgewähltes Projekt noch näher erläutern. „Die EU-ROREGION ELBE/LABE arbeitet seit ihrer Gründung an rund 1000 Projekten, die eine öffentliche Förderung durch die Europäische Union, den Bund und den Freistaat Sachsen sowie die Tschechische Regierung erfahren haben. Insgesamt verkörpern diese Projekte ein Gesamtkostenvolumen von rund 140 Mio. €, an dem sich die Europäische Union mit rund 66 Mio. beteiligte. Darüber hinaus hat allein der Freistaat Sachsen die grenzüberschreitende Zusammenarbeit in der EUROREGION ELBE/LABE mit rund 13 Mio. € bezuschusst."[16] Diese geförderten Projekte gibt es in so gut wie allen Bereichen des gesellschaftlichen Lebens. Beispielsweise möchte ich folgende nennen:

„- Abwassermaßnahmen in Ústí nad Labem, Děčín, Litoměřice und Hřensko

- Die Entwicklung des Technologietransfers im Technologie- und Gewerbezentrum Sebnitz

- Die Einführung einer ersten grenzüberschreitenden regionalen Busverbindung zwischen Dresden und Teplice

- Bodenschutzkalkungen und Wiederaufforstungsmaßnahmen beiderseits der Grenze im Erzgebirge

- Grenzüberschreitende Berufsausbildungsmaßnahmen an Einrichtungen in Meißen, Dresden und Pirna

- Schaffung eines binationalen / bilingualen Zuges am Friedrich - Schiller - Gymnasium in Pirna und Errichtung eines Internats für tschechische und deutsche Schüler

- Neubau des Rettungszentrums mit grenzüberschreitender Bedeutung in Dippoldiswalde

- Die Förderung eines Messestandes Tourismus zur Vermarktung der Sächsischen Ferienregion entlang der Elbe an der im Verbund die Regionalverbände Sächsisches Elbland (Meißen) und Sächsische Schweiz, die Dresden-Werbung- und Tourismus GmbH, die Sächsische Schlösserverwaltung, die Sächsische Dampfschifffahrtsgesellschaft und die Landesbühnen Sachsen beteiligt sind.

- Schaffung eines grenzüberschreitenden Bergbaulehrpfades über den Erzgebirgskamm zwischen Altenberg und Krupka

- Ausbau des Elberadweges im Grenzabschnitt zwischen Reinhardtsdorf/ Schöna und Dolní

---

15 Vgl. Kowalke, H. / Jerabek, M. u. Schmidt, O. (2004): Grenzen öffnen sich, S 19-21
16 http://www.euroregion-elbe-labe.de/Euroregion_Elbe_Labe.htm , Projekte

Žleb"[17]

Das Projekt „Um- und Ausbau eines binationalen Internates für das Friedrich - Schiller – Gymnasium" wurde 1997 vom Stadtrat Pirna beschlossen. Schon seit der Gründung der Region war es ein Ziel, dass deutsche und tschechische Schüler zusammen, in einem bilingualen Gymnasium, lernen können und ein Abitur, welches in beiden Ländern anerkannt ist, zu absolvieren. Im Bereich Mathematik und Naturwissenschaften wurde ein bundesweit einmaliger binationaler, bilingualer Bildungsgang entwickelt, der hinzu noch eine vertiefende sprachliche Ausbildung ermöglichte. Die Schüler lernen hierbei neben der englischen auch die tschechische Sprache. Nach der 7. Klasse wird aus der bilingualen zusätzlich eine binationale Klasse. Jeweils 15 deutsche und tschechische Kinder lernen hier gemeinsam. 1998 konnte erstmals eine solche Klasse gegründet werden. 2003 wurde der bilinguale Bildungsgang vollständig ausgebaut, wodurch nun je 90 deutsche und tschechische Schüler an diesem Gymnasium unterrichtet werden können. Das in beiden Ländern anerkannte Abitur ist durch einen Staatsvertrag beider Länder gesichert worden. Neben dem Gymnasium wurde ein Altstadtquartier zum Internat um- und ausgebaut Es besteht aus neun Gebäuden und besitzt 113 Internatsplätze. In den Gebäuden gibt es Wohn- und Lebensbereiche mit einem Gruppenraum, einer Küche und einem Badezimmer. In den Zimmern leben Schülerinnen und Schüler beider Nationen zusammen. Des Weiteren beinhaltet das Internat neben einer Mensa und einer Cafeteria auch einen Fitness- und Computerraum. Die Gesamtkosten für das Projekt beliefen sich bei 11,76 Mio. Euro. Durch die Europäische Union konnte das Projekt aus dem Förderprogramm INTERREG II mit 8,9 Mio. Euro gefördert werden. Weitere Förderungen gab es durch den Bund und des Freistaates Sachsen. 3,88 Mio. Euro konnten aus Eigenmitteln der Stadt Pirna zusammengetragen werden.[18]

3.6 Probleme

Probleme, mit denen die Euroregion Elbe/Labe konfrontiert wird, belaufen sich größtenteils auf strukturelle und gesellschaftliche Unterschiede beidseits der Grenze. Außerdem spielt die periphere Lage und die jahrzehntelange Abschottung der Grenze eine große Rolle. Die mangelhafte grenzüberschreitende Infrastruktur ist auch ein Problem der Euroregion. Es gibt nur eine Busverbindung, sowie eine Zugverbindung innerhalb der Region, wobei eine Fährverbindung, wie gesagt, in Planung ist. Die mangelnde Infrastruktur wird u.a. durch die Hügelländer

---

17 http://www.euroregion-elbe-labe.de/Euroregion_Elbe_Labe.htm, Projekte
18 http://www.euroregion-elbe-labe.de/Euroregion_Elbe_Labe.htm, Projekte

verschuldet. Die extreme Strukturschwäche und altindustrialisierte Regionen, wie die Bereiche des Moster Beckens und die bei Ústí nad Labem, bilden ein weiteres Problem.Damit innenbegriffen sind die Nachwirkungen der Ansiedlung umweltbelastender Industrien. Der demographische Wandel ist ein bekanntes Problem, sowohl auf tschechischer Seite als auch auf deutscher. Die Euroregion hat mit einem Wohlstandgefälle zu kämpfen, welches neben der Verfremdung der Menschen beidseits der Grenze entstand auch aufgrund unterschiedlicher Wirtschaftssysteme nicht zu übersehen ist. Das letzte Problem der Euroregion ist, dass sie auf Fördermittel angewiesen ist, um z.B Projekte zu verwirklichen.[19]

4. Fazit

„Grenzen sind Narben der Geschichte, die insbesondere den Grenzregionen erhebliche Nachteile bringen. Die grenzüberschreitende Zusammenarbeit soll helfen, solche Nachteile auszugleichen und die Lebensbedingungen der in diesen Gebieten lebenden Menschen zu verbessern."[20]

Die vorhandenen Potentiale für die Entwicklung des böhmisch – sächsischen Grenzraumes sind bei all den positiven Ergebnissen durch die grenzübergreifende Zusammenarbeit, sowie der deutlich verbesserten Rahmenbedingungen hierfür, durch den Beitritt Tschechiens zur EU, keinesfalls ausgeschöpft. Dennoch erschweren nach wie vor die strukturellen und gesellschaftlichen Unterschiede die Zusammenarbeit zwischen den unterschiedlichen Akteuren beiderseits der Grenze.

19 Kowalke, H. / Jerabek, M. u. Schmidt, O. (2004): Grenzen öffnen sich, S. 30-31
20 http://www.max-content.de/Pflegesystem/uploads/media/Entstehung_und_Entwicklung_der_EUROREGION_ELBE_LABE.pdf

5. Literaturverzeichnis

Eckart, K. u. Kowalke, H. (Hrsg.) (1997): Die Euroregionen im Osten Deutschlands. Bd. 55. Berlin: Duncker & Humboldt.

Flath, M. u. Kulke, E. (Hrsg.) (2007): Mensch und Raum. Geographie. Oberstufe. 1. Aufl., 2. Druck. Berlin: Cornelsen.

Kowalke, H. / Jerabek, M. u. Schmidt, O. (2004): Grenzen öffnen sich. Chancen und Risiken aus Sicht der Bewohner der sächsisch-böhmischen Grenzregion. Dresdner Geographische Beiträge, Heft 10. Dresden: Technische Universität Dresden. Institut für Geographie.

Saalbach, J. (2001): Die PAMINA-Kooperation: der politische, organisatorische und finanzielle Rahmen. In: Geiger, M. (Hrsg.): PAMINA - Europäische Region mit Zukunft. Baden, Elsass und Pfalz in grenzüberschreitender Kooperation. Speyer: Verlag der Pfälzischen Gesellschaft zur Förderung der Wissenschaften, S.109.

Internetquellen:

Was sind Euroregionen. Verfügbar unter: http://www.euroregion-erzgebirge.de/elemente/mediacenter/IHIK46DBUZ5UPQ58ZWNI5HHI6/kk01.pdf [01.07.2008]

Die Euroregion Elbe/Labe. Verfügbar unter: http://www.euroregion-elbe-labe.de/Euroregion_Elbe_Labe.htm [01.07.2008]

Rahmenvereinbarung der Euroregion Elbe/Labe (2003). Verfügbar unter: http://www.max-content.de/Pflegesystem/uploads/media/Rahmenvereinbarung_EEL.pdf [01.07.2008]

Komplexes grenzüberschreitendes Regionalkonzept der Euroregion Elbe/Labe (EEL). Verfügbar unter: http://www.max-content.de/Pflegesystem/uploads/media/Grenzueberschreitendes_Regionalkonzept.pdf [01.07.2008]

Entstehung und Entwicklung der Euroregion Elbe/Labe. Verfügbar unter: http://www.max-content.de/Pflegesystem/uploads/media/Entstehung_und_Entwicklung_der_EUROREGION_ELBE_LABE.pdf [01.07.2008]

Euroregion Elbe/Labe. Institut für Ökologische Raumentwicklung Dresden. Verfügbar unter: http://www.ioer.de/PLAIN/Pdf/er_elbe.pdf [15.07.2008]

Wrota Podlasia. Euroregionen. Verfügbar unter: http://www.wrotapodlasia.pl/de/region/euroregionen [15.07.2008]

Euroregion Spree-Neiße-Bober. Grenzen überwinden. Verfügbar unter: http://www.euroregion-snb.de/de/index.php [15.07.200]

Anhang (Karten)

Quelle: Flath, M. u. Kulke, E. (Hrsg.) (2007): Mensch und Raum. Geographie. Oberstufe. 1. Aufl., 2. Druck. Berlin: Cornelsen (Umschlagkarte).

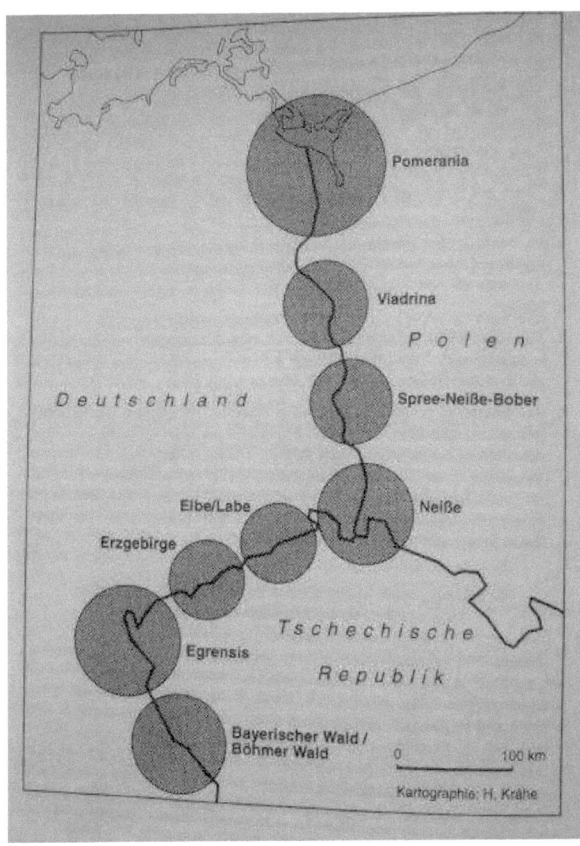

Quelle: Eckart, K. u. Kowalke, H. (Hrsg.) (1997): Die Euroregionen im Osten Deutschlands. Bd.
55. Berlin: Duncker & Humboldt.

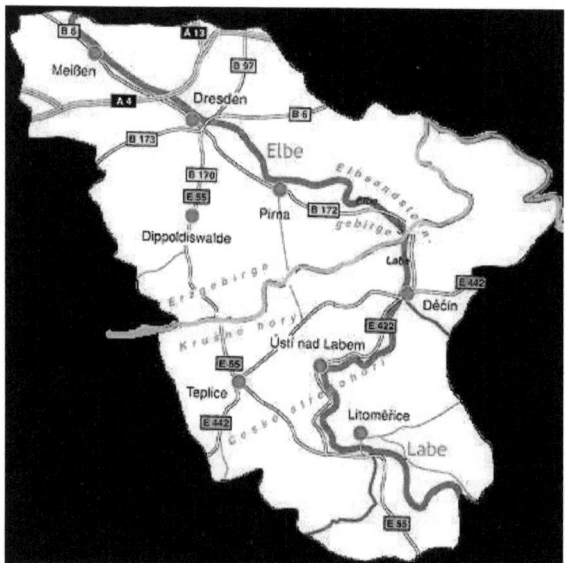

Quelle: http://www.schlosshotelhubertus.cz/kulturklub-cz/pictures/x-mapa-euroregion.gif

BEI GRIN MACHT SICH IHR WISSEN BEZAHLT

- Wir veröffentlichen Ihre Hausarbeit,
  Bachelor- und Masterarbeit

- Ihr eigenes eBook und Buch -
  weltweit in allen wichtigen Shops

- Verdienen Sie an jedem Verkauf

Jetzt bei www.GRIN.com hochladen und kostenlos publizieren